THÈSES

DE

MÉCANIQUE ET D'ASTRONOMIE,

POUR OBTENIR LE GRADE DE DOCTEUR,

SOUTENUES DEVANT LA FACULTÉ DES SCIENCES DE L'ACADÉMIE DE PARIS,

PAR AD. GUIBERT,

ancien Élève de l'École Polytechnique, Professeur au Collége de Louis-le-Grand.

PARIS, IMPRIMERIE DE A. BELIN,
rue des Mathurins-St-Jacques, n° 14.

PROFESSEURS

DE LA FACULTÉ DES SCIENCES DE PARIS.

MM. (B^on) THÉNARD, Doyen.
LACROIX.
(B^on) POISSON.
FRANCOEUR.
BIOT.
GAY-LUSSAC.
DESFONTAINES.
GEOFFROY-SAINT-HILAIRE.
BEUDANT.

PROFESSEURS-ADJOINTS.

MM. MIRBEL.
DE BLAINVILLE.
HACHETTE.
DULONG.
POUILLET.
PRÉVOST (Constant).

PROFESSEURS-SUPPLÉANS.

MM. LEFÉBURE DE FOURCY.
LEROY.

SAGREDO. — Non vorrei, Sign. Salviati, che voi misuraste gl' ingegno di noi altri, con la misura del vostro.

Dialogue de Galilée.

THÈSE
DE MÉCANIQUE.

MATIÈRES

TRAITÉES DANS LA THÈSE DE MÉCANIQUE.

§ I. Propriétés générales de l'équilibre d'un système de corps.

Principe des vitesses virtuelles; énoncé général; démonstration. — Distinction des forces en extérieures et intérieures : termes qui disparaissent de l'équation du principe des vitesses virtuelles, p. 1 4

Usage de cette équation pour déterminer les conditions d'équilibre d'un système de corps. — Méthode des multiplicateurs. — Équilibre d'un corps solide libre. — Équilibre d'un corps solide qui renferme un point fixe. — Équilibre d'un corps solide qui ne peut que tourner autour d'un axe fixe. — Équilibre d'un corps solide qui ne peut que glisser le long d'un axe fixe. — Équilibre d'un corps solide assujetti à rester sur un plan fixe, 4 10

Un mouvement quelconque infiniment petit est décomposable en deux sortes de mouvemens, trois mouvemens de translation parallèles à trois axes rectangulaires et trois mouvemens de rotation autour de ces axes, 10

Équilibre d'un point libre, ou assujetti à rester sur une surface ou sur une courbe donnée, 10 11

Théorème de Leibnitz sur l'équilibre d'un point, 11 12

Propriété de l'équilibre de maximum et de minimum, 12

§ II. Propriétés générales du mouvement d'un système de corps.

Principe de d'Alembert. — Expressions des quantités de mouvement perdues ou gagnées, 13 14

Conservation du mouvement du centre de gravité. — Le mouvement se conserve le même malgré le choc de certains corps du système. — En général, le mouvement du centre de gravité d'un système libre de corps disposés comme on voudra est le même que si tous les corps étaient concentrés en ce seul point, et qu'en même tems chacun d'eux fût animé de la même force motrice que dans leur état naturel, 14 15

Principe de la conservation des aires, ou principe de la conservation des momens de rotation, 15 17

Conservation des forces vives. — La fonction $\Sigma m\,(X\,dx + Y\,dy + Z\,dz)$ est la différentielle complète d'une fonction des coordonnées des mobiles considérées comme des variables indépendantes, lorsque les forces accélératrices sont dirigées vers des centres fixes, et sont fonctions des distances de leurs points d'application à ces centres ; la même fonction est une différentielle complète relativement aux forces intérieures provenant de l'attraction mutuelle des corps du système. — Le principe des forces vives s'observe dans le choc des corps parfaitement élastiques. — Les résistances des milieux, les frottemens empêchent le principe des forces vives d'avoir lieu. Conservation des forces vives dans les mouvemens relatifs au centre de gravité. — Théorème sur l'évaluation de la perte de force vive qui résulte du choc des corps, 17 22

Principe de la moindre action. — Énoncé du principe de la moindre quantité d'action de Maupertuis ; note. — Énoncé du principe de la moindre action ; démonstration. — Ce principe revient à dire que la somme des forces vives de tous les corps du système, depuis le moment où ils partent jusqu'à celui où ils arrivent, est un maximum ou un minimum. — Un seul mobile qui n'est soumis à l'action d'aucune force accélératrice, parvient d'un point à un autre par le chemin le plus court et dans un tems moindre que celui qu'il emploierait à suivre toute autre ligne, 22 25

THÈSE DE MÉCANIQUE.

§ Ier. PROPRIÉTÉS GÉNÉRALES DE L'ÉQUILIBRE D'UN SYSTÈME DE CORPS.

Principe des vitesses virtuelles.

Long-tems avant Jean Bernouilli, une loi avait été observée dans l'équilibre des machines : cette loi consiste en ce que la puissance et la résistance, qui se tiennent en équilibre sur une machine, sont en raison inverse des espaces que leurs points d'application parcourraient suivant leurs directions et dans le premier instant, si une cause étrangère venait troubler l'équilibre en communiquant au système un mouvement infiniment petit. Etablie d'abord par induction, cette règle n'est plus qu'un cas particulier de la proposition générale donnée par Bernouilli, et connue aujourd'hui sous le nom de *principe des vitesses virtuelles*.

Conformément aux dénominations imposées par l'inventeur de ce principe, *la vitesse virtuelle* de chacun des points d'un système en équilibre est la vitesse que ce point est disposé à prendre dans le premier instant, si l'équilibre était troublé en vertu d'un mouvement infiniment petit communiqué au système, sans toutefois troubler son mode de liaison : la petite droite décrite alors sert de mesure à cette vitesse. La projection de cette droite sur l'une quelconque des forces appliquées à ce point est sa vitesse virtuelle *estimée suivant la direction de cette puissance*, ou plus simplement, *la vitesse virtuelle de cette puissance*.

Cela posé, voici l'énoncé général du principe :

Si un système de corps sollicités par des forces quelconques est en équilibre, et qu'on imprime un petit mouvement à ce système, en vertu duquel chaque point se transporte dans une position in-

finiment voisine de sa position primitive, et sans que les conditions de liaison du système soient violées; la somme des puissances multipliées chacune par la vitesse virtuelle du point auquel elle est appliquée et estimée suivant sa direction, sera égale à zéro, en regardant comme positive la vitesse virtuelle d'une puisance qui tombe sur sa direction propre, et comme négative celle qui tombe sur son prolongement.

En nommant *moment virtuel* d'une puissance le produit de cette force par sa *vitesse virtuelle* prise avec son signe, le principe dont il s'agit consistera dans l'égalité à zéro de la somme des momens virtuels de toutes les forces du système (*).

Soit P une force du système en équilibre, si l'on prend à partir de son point d'application, et dans un sens opposé à sa direction, une droite de grandeur arbitraire p, on pourra regarder P comme tendant à augmenter p, et représenter par δp, la variation de cette droite, résultant d'un changement infiniment petit dans la position du système : cette variation sera égale à la vitesse virtuelle de la force P dont le moment virtuel sera égal à $P\delta p$; et de même $P'\delta p'$, $P''\delta p''$, etc., seront les momens virtuels des forces P', P'', etc. du système, p', p'', etc. étant des droites que ces forces tendent à augmenter.

Cette notation convenue, il est aisé de s'assurer que l'on a l'équation

$$P\delta p + P'\delta p' + P''\delta p'' + \text{etc.} = 0,$$

dans le cas d'équilibre d'un seul point libre, ou assujetti à rester sur une courbe ou surface donnée, et sollicité par des forces P, P', P'', etc.

Or, cette équation est l'expression analytique du princiqe des vitesses virtuelles pour un pareil système.

Mais dans un système en équilibre, quel que soit le nombre

(*) Jean Bernouilli énonce sa proposition générale sous une forme semblable : *En tout équilibre*, dit-il, *de forces quelconques, en quelque manières qu'elles soient appliquées, et suivant quelques directions qu'elles agissent les unes sur les autres, ou médiatement, ou immédiatement, la somme des énergies* (moment virtuel, abstraction faite du signe) *affirmatives sera égale à la somme des énergies négatives prises affirmativement* (Nouvelle mécanique de Varignon, Paris 1725, tom. II, p. 174).

des points liés entre eux comme on voudra, chacun d'eux doit être en équilibre en vertu des actions des forces qui y sont immédiatement appliquées et de celles qui proviennent de sa liaison à d'autres points du système : si donc on applique l'équation précédente à cet équilibre de chaque point, et que l'on joigne ensuite toutes les équations ainsi formées, on aura évidemment encore

$$P\delta p + P'\delta p' + P''\delta p'' + \text{etc.} = 0, \qquad (A)$$

P, P', P'', etc., étant toutes les forces qui contribuent à l'équilibre, $\delta p, \delta p', \delta p''$, etc. leurs vitesses virtuelles.

Réciproquement, lorsqu'une telle équation est satisfaite, pour tout mouvement infiniment petit donné au système, compatible avec son mode de liaison, l'équilibre existe nécessairement. Supposons, en effet, qu'il n'ait pas lieu : on l'établira en introduisant de nouvelles forces convenables Q, Q', Q'', etc., et l'on aura alors

$$P\delta p + P'\delta p' + P''\delta p'' + \text{etc.}\ Q\delta q + Q'\delta q' + Q''\delta q'' + \text{etc.}, = 0,$$

équation qui se réduit à celle-ci :

$$P\,\delta q + Q'\delta q' + Q''\delta q'' + \text{etc.} = 0;$$

mais il est permis de supposer tous ces termes de même signe, et alors il faut que

$$Q\,\delta q = 0, \quad Q'\delta q' = 0, \quad Q''\delta q'' = 0, \quad \text{etc.};$$

donc les points auxquels il a fallu appliquer des forces Q, Q', Q'', etc., pour les empêcher de se mouvoir, ne prenaient aucun mouvement, donc l'équilibre existait entre les seules forces, P, P', P'', etc.

Mais, pour que l'équation (A) constitue le principe des vitesses virtuelles, dans le cas d'un corps solide ou d'un système de corps liés par des droites rigides ou flexibles et inextensibles, cas auquel nous nous attachons plus particulièrement ici, il faut montrer que son premier membre peut être dégagé de toute force provenant des réactions des différens points du système, à cause de son mode de liaison.

Fesons d'abord une distinction entre les forces qui concourent à maintenir l'équilibre.

Si l'on prend dans leurs lignes de direction et à partir de leurs points d'application des droites égales et opposées à celles dont les variations sont δp, $\delta p'$, $\delta p''$, etc., les extrémités de ces nouvelles droites pourront être regardées comme des *centres* vers lesquels tendent les forces; et selon que ces centres seront hors du système des corps, ou qu'ils feront partie de ces mêmes corps, les forces seront *extérieures*, ou *intérieures*. Les puissances tendant à diminuer les nouvelles droites p, p', p'', etc., leurs variations seront $-\delta p$, $-\delta p'$, $-\delta p''$, etc. Mais l'équation du principe des vitesses virtuelles donne également $-\mathrm{P}\delta p - \mathrm{P}'\delta p' - \mathrm{P}''\delta p'' -$ etc. $= 0$, et nous pourrons supposer que les variations $-\delta p$, $-\delta p'$, etc., sont celles des nouvelles distances p, p', etc. dont les extrémités déterminent les centres des forces P, P', etc.

Soient maintenant m, m' deux points du système, liés entre eux de telle sorte qu'on puisse substituer à leur lien celui d'un fil ou rigide ou flexible, mais inextensible. L'action de m sur m', et la réaction égale de m' sur m, par l'intermédiaire de ce fil, seront deux forces d'une intensité F, qui produiront dans l'équation ci-dessus la somme $-\mathrm{F}(\delta f' + \delta f'')$; $\delta f'$, $\delta f''$ étant les variations partielles de la distance f de m à m', ou de la longueur du fil qui les joint, en tant qu'elles dépendent des changemens de position de ces points, chacun d'eux étant immobile, tandis que l'autre se meut: or, la distance f étant invariable, la somme précédente sera nulle.

Dans l'équilibre d'un nombre quelconque de points, liés entre eux, soit par des droites rigides ou flexibles, mais inextensibles, attachés fixement à ces points, ou traversant quelques uns d'entre eux comme des anneaux, il est aisé de s'assurer que les seules forces qui resteront dans l'équation (A), seront les forces extérieures.

Usage de l'équation (A), *pour déterminer les conditions d'équilibre dans un système de corps solides.*

Soient P, P', P'', etc., les forces extérieures du système respectivement appliquées aux points m, m', m'', etc., p, p', p'', etc., les distances de ces points aux centres des forces; soient x, y, z, les coordonnées rectangles de m; a, b, c, celles du centre de la force P ; ces mêmes lettres avec des accens désigneront des coordonnées semblables relatives aux forces P′, P″, etc.

On aura

$$p^2 = (x-a)^2 + (y-b)^2 + (z-c)^2,$$
$$p'^2 = (x'-a')^2 + (y'-b')^2 + (z'-c')^2, \text{ etc.},$$

d'où

$$\delta p = \cos\alpha\,\delta x + \cos\beta\,\delta y + \cos\gamma\,\delta z,$$
$$\delta p' = \cos\alpha'\,\delta x' + \cos\beta'\,\delta y' + \cos\gamma'\,\delta z', \text{ etc.};$$

α, β, γ, α', β', γ', etc., étant les angles que font avec les axes des x, y, z, les directions de P, P′, etc.

En supposant que l'on ait formé les *équations de condition* qui résultent du mode de liaison du système, les différentielles de ces équations auront lieu, ce qui permettra d'éliminer des valeurs de δp, $\delta p'$, etc., autant de variations qu'on aura de ces équations, ensorte que ces valeurs ne renfermeront plus qu'un certain nombre de variations indépendantes, et après leur substitution dans l'équation $P\delta p + P'\delta p' +$ etc. $= 0$, on devra égaler à zéro les coefficiens de ces variations, puisque le petit mouvement supposé imprimé au système, n'altérant pas son mode de liaison, est d'ailleurs arbitraire.

On obtiendra ainsi les véritables équations d'équilibre, car le nombre des variations éliminées est précisément égal au nombre d'équations de condition, et l'on aura ainsi tout ce qu'il faut pour déterminer la position de chaque point du système.

Méthode des multiplicateurs.

L'illustre auteur de *la Mécanique analytique* prescrit un procédé général et uniforme, auquel il donne le nom de *Méthode des multiplicateurs*, qui permet d'agir, dans tous les cas, comme si le système n'était assujetti à aucune condition, et qui supplée à l'élimination dont il vient d'être parlé.

Cette méthode consiste à ajouter à l'équation du principe des vitesses virtuelles les équations différentielles des équations de condition dont on a transporté tous les termes dans un seul membre, multipliées chacune par un coefficient indéterminé; on dispose de ces coefficiens de manière à traiter toutes les variations comme indépendantes, en égalant à zéro la somme des quantités qui multiplient chacune d'elles; et cela est permis puisque le nombre de ces coefficiens est précisément égal à celui des variations dépendantes. Entre les équations qu'on obtient ainsi, il ne reste plus qu'à éliminer les indéterminées introduites, les équations résultantes seront celles de l'équilibre (*).

Applications.

Equilibre d'un corps solide libre. Soit n le nombre des points d'application m, m', m'', etc., qui ont pour coordonnées rectangles x, y, z, x', y', z', x'', y'', z'', etc., et sur lesquelles agissent les forces P, P′, P″, etc. dont nous représenterons les composantes parallèles aux axes par X, Y, Z, X′, Y′, Z′, X″, Y″, Z″, etc.

L'équation du principe des vitesses virtuelles donne d'abord

$$X\delta x+X'\delta x'+X''\delta x''+\text{etc.}+Y\delta y+Y'\delta y'+Y''\delta y''+\text{etc.}+Z\delta z+Z'\delta z'+Z''\delta z''+\text{etc.}=0.$$

Soient f, g, h, les distances entre m et m', m et m'', m' et m''; f''', g''', h''' les distances du point m''' aux points m, m', m''; f^{iv}, g^{iv}, h^{iv}, celles du point m aux mêmes points, et ainsi de suite; les équations de condition seront au nombre de $3n-6$, parce qu'il suffira d'exprimer que les trois points m, m', m'' conservent leurs distances respectives, et que les distances des autres points à ceux-là sont fixes, attendu qu'un point est déterminé par ses distances à trois points donnés; ces équations seront $\delta f=0$, $\delta g=0$, $\delta h=0$, $\delta f'''=0$, $\delta g'''=0$, $\delta h'''=0$, etc.; exprimons leurs premiers membres en fonction des coordonnées rectangles, multiplions-les ensuite respectivement par les indéterminées p, q, r, p', q', r', etc., pour ajouter ces produits à l'é-

(*) Sous le point de vue analytique, ce procédé a beaucoup de rapport avec celui qu'on emploie quelquefois, dans les élémens d'algèbre, pour trouver les formules qui expriment les valeurs des inconnues, dans le cas de deux ou un plus grand nombre d'équations du premier degré à pareil nombre d'inconnues.

Quant à la métaphysique de la méthode des multiplicateurs, elle consiste, comme le prouve LAGRANGE, en ce que les coefficiens indéterminés introduits équivalent à autant de forces qui remplacent les résistances qui proviennent de la liaison mutuelle des corps du système, ou des obstacles qui, par sa nature, gênent leurs mouvemens.

Il est du reste aisé de justifier, par le fait même du calcul, l'emploi de la méthode des multiplicateurs; cela est très-simple s'il n'y a qu'une ou deux équations de condition.

quation ci-dessus, et égalons enfin à zéro la somme des termes affectés d'une même variation, nous obtenons les $3n$ équations

$$\left.\begin{array}{l}
X + \frac{x-x'}{f}p + \frac{x-x''}{g}q + \frac{x-x'''}{f'''}p' + \text{etc.} = 0, \\
Y + \frac{y-y'}{f}p + \frac{y-y''}{g}q + \frac{y-y'''}{f'''}p' + \text{etc.} = 0, \\
Z + \frac{z-z'}{f}p + \frac{z-z''}{g}q + \frac{z-z'''}{f'''}p' + \text{etc.} = 0, \\
\\
X' + \frac{x'-x}{f}p + \frac{x'-x''}{h}r + \frac{x'-x'''}{g'''}q' + \text{etc.} = 0, \\
Y' + \frac{y'-y}{f}p + \frac{y'-y''}{h}r + \frac{y'-y'''}{g'''}q' + \text{etc.} = 0, \\
Z' + \frac{z'-z}{f}p + \frac{z'-z''}{h}r + \frac{z'-z'''}{g'''}q' + \text{etc.} = 0, \\
\\
X'' + \frac{x''-x}{g}q + \frac{x''-x'}{h}r + \frac{x''-x'''}{h'''}r' + \text{etc.} = 0, \\
Y'' + \frac{y''-y}{g}q + \frac{y''-y'}{h}r + \frac{y''-y'''}{h'''}r' + \text{etc.} = 0, \\
Z'' + \frac{z''-z}{g}q + \frac{z''-z'}{h}r + \frac{z''-z'''}{h'''}r' + \text{etc.} = 0, \\
\\
X''' + \frac{x'''-x}{f'''}p' + \frac{x'''-x'}{g'''}q' + \frac{x'''-x''}{h'''}r' + \text{etc.} = 0, \\
Y''' + \frac{y'''-y}{f'''}p' + \frac{y'''-y'}{g'''}q' + \frac{y'''-y''}{h'''}r' + \text{etc.} = 0, \\
Z''' + \frac{z'''-z}{f'''}p' + \frac{z'''-z'}{g'''}q' + \frac{z'''-z''}{h'''}r' + \text{etc.} = 0, \\
\text{etc.}
\end{array}\right\} \text{(B)}$$

En divisant ces équations en groupes de trois, on remarquera la symétrie de leur formation.

Conformément à la méthode des multiplicateurs, il s'agit actuellement d'éliminer $3n-6$ indéterminées p, q, r, p', q', r', etc.

En ajoutant successivement les équations du premier groupe

aux équations des autres groupes et d'un même ordre, on obtient d'abord 3 équations, privées des indéterminées p, q, r, p', q', r', etc., et qu'on peut représenter ainsi

$$\Sigma X = o, \quad \Sigma Y = o, \quad \Sigma Z = o. \qquad (1)$$

Les mêmes équations donnent lieu aux suivantes, qui peuvent les remplacer, et dont la formation est facile à saisir :

$$\left.\begin{array}{l}
Xy - Yx + \frac{y'x - x'y}{f}p + \frac{y''x - x''y}{g}q + \frac{y'''x - x'''y}{f'''}p' + \text{etc.} = o,\\
Xz - Zx + \frac{z'x - x'z}{f}p + \frac{z''x - x''z}{g}q + \frac{z'''x - x'''z}{f'''}p' + \text{etc.} = o,\\
Yz - Zy + \frac{z'y - y'z}{f}p + \frac{z''y - y''z}{g}q + \frac{z'''y - y'''z}{f'''}p' + \text{etc.} = o,\\
\\
X'y' - Y'x' + \frac{yx' - xy'}{f}p + \frac{y''x' - x''y'}{g}r + \frac{y'''x' - x'''y'}{g'''}q' + \text{etc.} = o,\\
X'z' - Z'x' + \frac{zx' - xz'}{f}p + \frac{z''x' - x''z'}{g}r + \frac{z'''x' - x'''z'}{g'''}q' + \text{etc.} = o,\\
Y'z' - Z'y' + \frac{zy' - yz'}{f}p + \frac{z''y' - y''z'}{g}r + \frac{z'''y' - y'''z'}{g'''}q' + \text{etc.} = o,\\
\\
X''y'' - Y''x'' + \frac{yx'' - xy''}{g}q + \frac{y'x'' - x'y''}{h}r + \frac{y'''x'' - x'''y''}{h'''}r' + \text{etc.} = o,\\
X''z'' - Z''x'' + \frac{zx'' - xz''}{g}q + \frac{z'x'' - x'z''}{h}r + \frac{z'''x'' - x'''z''}{h'''}r' + \text{etc.} = o,\\
Y''z'' - Z''y'' + \frac{zy'' - yz''}{g}q + \frac{z'y'' - y'z''}{h}r + \frac{z'''y'' - y'''z''}{h'''}r' + \text{etc.} = o,\\
\\
X'''y''' - Y'''x''' + \frac{yx''' - xy'''}{f'''}p' + \frac{y'x''' - x'y'''}{g'''}q' + \frac{y''x''' - x''y'''}{h'''}r' + \text{etc.} = o\\
X'''z''' - Z'''x''' + \frac{zx''' - xz'''}{f'''}p' + \frac{z'x''' - x'z'''}{g'''}q' + \frac{z''x''' - x''z'''}{h'''}r' + \text{etc.} = o,\\
Y'''z''' - Z'''y''' + \frac{zy''' - yz'''}{f'''}p' + \frac{z'y''' - y'z'''}{g'''}q' + \frac{z''y''' - y''z'''}{h'''}r' + \text{etc.} = o,
\end{array}\right\} (C)$$

etc.

Servons-nous de ces équations comme des précédentes, il viendra trois nouvelles équations, sans p, q, r, p', q', r', etc., que nous écrirons ainsi

$$\Sigma(Xy - Yx) = o, \quad \Sigma(Xz - Zx) = o, \quad \Sigma(Yz - Zy) = o. \qquad (2)$$

Les 6 équations (1) et (2) sont les équations d'équilibre cherchées.

Equilibre d'un corps solide qui renferme un point fixe. On devra exprimer que les trois distances d, d', d'', du point fixe, pris ici pour origine, aux points m, m', m'', sont constantes, ou que

$$\delta d = 0, \quad \delta d' = 0, \quad \delta d'' = 0.$$

Nommons e, e', e'' trois indéterminées; multiplions les valeurs de δd, $\delta d'$, $\delta d''$ en fonction des coordonnées, respectivement par e, e', e'', et ajoutons successivement aux 9 premiers membres des équations (B) les quantités $\frac{x}{d}e$, $\frac{y}{d}e$, $\frac{z}{d}e$, $\frac{x'}{d'}e'$, $\frac{y'}{d'}e'$, $\frac{z'}{d'}e'$, $\frac{x''}{d''}e''$, $\frac{y''}{d''}e''$, $\frac{z''}{d''}e''$, et nous aurons des équations applicables au cas actuel, entre lesquelles il faudra éliminer $3n-3$ indéterminées.

Or, les équations (C) subsisteront telles qu'elles sont, donc les trois équations (2) qu'on en a déduites sont les conditions d'équilibre d'un corps solide qui ne peut que tourner autour d'un point fixe, pris pour origine des coordonnées.

Equilibre d'un corps solide qui ne peut que tourner autour d'un axe fixe. Soit l'axe fixe pris pour axe des z, les trois points m, m', m'', doivent rester à des distances constantes R, R$'$, R$''$ de cet axe, et ne point s'éloigner du plan des x, y; ces conditions seront exprimées par les équations

$$\frac{x}{R}\delta x + \frac{y}{R}\delta y = 0, \; -\frac{x'}{R'}\delta x' + \frac{y'}{R'}\delta y' = 0, \; \delta z = 0, \; \delta z' = 0, \; \delta z'' = 0\,;$$

la position du troisième point étant déterminée, puisqu'il est situé dans un plan parallèle à celui des x, y, et que ses distances aux deux premiers sont données.

Fesons donc $\delta z = 0$, $\delta z' = 0$, $\delta z'' =$, dans les équations (B), et ajoutons aux deux premiers membres des deux premiers groupes successivement les quantités

$$\frac{x}{R}e, \qquad \frac{y}{R}e, \qquad \frac{x'}{R'}e', \qquad \frac{y'}{R'}e',$$

e, e', étant deux indéterminées, nous aurons ainsi $3n-3$ équations, entre lesquelles on devra éliminer $3n-4$ quantités.

Or, les premières équations de chaque groupe des équations (C) ne seront point changées, donc la première des équations (2) est la condition qu'il fallait trouver.

Equilibre d'un corps solide qui ne peut que glisser le long d'un axe fixe. Si l'axe des z est l'axe fixe, il faudra exprimer que les trois points m, m', m'', ne peuvent se mouvoir que parallèlement à cet axe, ce qui se réduit à poser

$$\delta x = 0, \quad \delta y = 0, \quad \delta x' = 0, \quad \delta y' = 0, \quad \delta x'' = 0.$$

Le nombre des équations (B) se réduit à $3n - 5$; l'élimination des $3n - 6$ arbitraires qu'elles contiennent conduira à la troisième des équations (1).

Equilibre d'un corps assujetti à rester sur un plan fixe. On supposera que le plan soit celui des x, y, et l'on posera

$$\delta z = 0, \quad \delta z' = 0, \quad \delta z'' = 0;$$

Les équations (B) se réduisent alors à $3n - 3$ équations, entre lesquelles il restera à éliminer $3n - 6$ quantités.

Les deux premières des équations (1) seront deux des conditions auxquelles on doit parvenir, et comme la première de chaque groupe des équations (C) aura encore lieu, la première des équations (2) sera la troisième condition cherchée.

D'après ce qui précède, les équations (1) sont les conditions pour que le corps solide ne prenne aucun mouvement parallèlement aux axes des coordonnées, et les équations (2) assurent qu'il ne peut se mouvoir autour des mêmes axes; et comme ces équations doivent exprimer qu'un petit mouvement quelconque infiniment petit est détruit, on peut conclure de cette analyse qu'*un pareil mouvement est décomposable en deux sortes de mouvemens, trois mouvemens de translation parallèles à trois axes rectangulaires, et trois mouvemens de rotation autour de ces axes.*

Equilibre d'un seul point, libre, ou assujetti à rester sur une surface ou courbe donnée. Ce cas étant traité directement par la méthode des multiplicateurs, conduira aux trois équations

$$X = 0, \quad Y = 0, \quad Z = 0,$$

si l'on suppose d'abord que le point m, sur lequel agissent les forces P, P′, P″, etc., est parfaitement libre.

Si le point doit rester sur une surface donnée par son équation $L = 0$, les conditions d'équilibre seront

$$X\frac{dL}{dy} - Y\frac{dL}{dx} = 0, \qquad X\frac{dL}{dz} - Z\frac{dL}{dx} = 0.$$

Enfin, si le point est assujetti à se mouvoir sur une courbe donnée par ses deux équations $L = 0$, $M = 0$, on trouve aisément, par la même méthode, la condition

$$X\left\{\frac{dL}{dz}\frac{dM}{dy} - \frac{dL}{dy}\frac{dM}{dz}\right\} + Y\left\{\frac{dL}{dx}\frac{dM}{dz} - \frac{dL}{dz}\frac{dM}{dx}\right\} + Z\left\{\frac{dL}{dx}\frac{dM}{dy} - \frac{dL}{dy}\frac{dM}{dx}\right\} = 0,$$

qui, en vertu des équations $dL = 0$, $dM = 0$, peut prendre cette forme plus simple

$$X + Y\frac{dy}{dx} + Z\frac{dz}{dx} = 0.$$

Théorème de Leibnitz. Les conditions d'équilibre d'un point libre donnent lieu à une propriété remarquable.

Représentons par p, p', p'', etc, les distances de ce point m aux centres des forces P, P', P'', etc., qui le sollicitent; et par $a, b, c, a', b', c', a'', b'', c''$, etc., les coordonnées de ces derniers points, on aura

$$X = \frac{x-a}{p}P + \frac{x-a'}{p}P' + \text{etc.},$$
$$Y = \frac{y-b}{p}P + \frac{y-b'}{p'}P' + \text{etc.},$$
$$Z = \frac{z-c}{p}P + \frac{z-c'}{p'}P' + \text{etc.};$$

et comme il est permis de représenter les intensités des puissances respectivement par p, p', etc., ces équations se réduiront à celles-ci :

$$X = nx - (a + a' + \text{etc.}),\quad Y = ny - (b + b' + \text{etc.}),\quad Z = nz - (c + c' + \text{etc.}),$$

n étant le nombre des forces : par conséquent, s'il y a équilibre,

$$X = \frac{a + a' + \text{etc.}}{n},\quad Y = \frac{b + b' + \text{etc.}}{n},\quad Z = \frac{c + c' + \text{etc.}}{n}:$$

donc, *si tant de puissances qu'on voudra sont en équilibre sur un point, et que l'on tire de ce point des droites qui représentent ces forces en grandeur et en direction ; le point dont il s'agit sera le centre de gravité du système des points auxquels ces lignes sont terminées.*

Il est aisé de s'assurer aussi que le point en équilibre est en même temps tel, que la somme des carrés de ces distances aux extrémités des droites dont il vient d'être question, est un minimum.

Propriété de maximum et minimum. Soient P, P', P'', etc., les poids d'un système de corps en équilibre en vertu de ces seules forces; p, p', p'', etc., les distances à un plan horizontal, des centres de gravité de ces corps; Π, le poids total; p_1, la distance au même plan du centre de gravité du système, de telle sorte que

$$\Pi p_1 = Pp + P'p' + P''p'' + \text{etc.};$$

différentiant par rapport à δ, on aura

$$\delta p_1 = \frac{P\delta p + P'\delta p' + P''\delta p'' + \text{etc.}}{\Pi}:$$

le second membre de cette équation est nul, d'après le principe des vitesses virtuelles; par conséquent, si l'on suppose ces variations relatives à un petit mouvement imprimé au système pour le rapprocher ou l'éloigner du plan horizontal, la fonction p_1 sera un *maximum* ou un *minimum;* ainsi, *le centre de gravité d'un système de corps en équilibre, et sur lequel la pesanteur est la seule force agissante, est le plus haut ou le plus bas qu'il est possible.*

§ II. PROPRIÉTÉS GÉNÉRALES DU MOUVEMENT D'UN SYSTÈME DE CORPS.

Les questions de dynamique sont ramenées, comme on sait, à des questions d'équilibre, au moyen d'une propriété générale, ordinairement désignée sous le nom de *Principe de* D'ALEMBERT (*), et qui consiste en ce que dans les mouvemens imprimés à des corps liés d'une manière quelconque et composant un système, les quantités de mouvement perdues ou gagnées, dans le premier instant, doivent se faire équilibre. On voit en effet que chaque mouvement communiqué peut être considéré comme formé de celui qui a réellement lieu et d'un autre mouvement; il faut donc que ce dernier soit détruit.

L'énoncé de ce principe peut être présenté sous une autre forme, qui facilite souvent l'application qu'on en fait : si l'on imprimait à chaque corps le mouvement qu'il doit prendre, mais en sens contraire, le système demeurerait en repos; par conséquent, les quantités de mouvement communiquées, et les quantités de mouvement qui ont lieu, chacune de ces dernières étant prise en sens contraire, sont en équilibre.

Cet énoncé conduit au même principe, puisque le raisonnement suivi, revient évidemment à substituer à chaque vitesse perdue ou gagnée ces deux composantes, savoir : la vitesse imprimée et celle qui a effectivement lieu, prise en sens contraire.

Nous désignerons par x, y, z, les coordonnées rectangulaires du point m qui fait partie du système que nous allons considérer; par X, Y, Z, les composantes rectangulaires de la force accéléra-

(*) Le principe dont il s'agit a d'abord été employé par Jacques BERNOUILLI, comme moyen particulier de solution, ainsi que l'observe LAGRANGE dans sa lumineuse histoire du fameux problème du centre d'oscillation; mais à D'ALEMBERT revient la gloire d'en avoir vu toute la portée, et d'en avoir déduit une méthode générale propre à mettre en équations les problèmes de dynamique.

trice qui sollicite ce point; les grandeurs de ces quantités étant relatives à l'instant où il s'est écoulé un tems t. La masse du point m sera représentée également par cette lettre; et en employant des accens, nous désignerons semblablement les coordonnées et les forces accélératrices des points ou des masses m', m'', etc. du même système.

La quantité de mouvement perdue ou gagnée par la masse m, pendant l'instant dt, aura ces trois composantes.

$$\left(\mathrm{X}dt - d\frac{dx}{dt}\right)m, \quad \left(\mathrm{Y}dt - d\frac{dy}{dt}\right)m, \quad \left(\mathrm{Z}dt - d\frac{dz}{dt}\right)m.$$

Prenons dt pour différentielle constante, on pourra représenter les sommes des composantes des quantités de mouvement perdues ou gagnées par tous les points du système, par

$$\Sigma\left(\mathrm{X}dt - \frac{d^2x}{dt}\right)m, \quad \Sigma\left(\mathrm{Y}dt - \frac{d^2y}{dt}\right)m, \quad \Sigma\left(\mathrm{Z}dt - \frac{d^2z}{dt}\right)m.$$

On ne trouble point l'équilibre de plusieurs corps en supposant à leur système, quel qu'il soit, une forme invariable; ces trois forces doivent par conséquent satisfaire aux conditions d'équilibre d'un corps solide : de là résulte plusieurs des propriétés que nous nous proposons d'exposer.

Conservation du mouvement du centre de gravité. Soit le système des masses m, m', etc. entièrement libres; les équations (1) (page 8), appliquées aux trois quantités de mouvemens précédens, donneront

$$\Sigma m\frac{d^2x}{dt^2} = \Sigma m\mathrm{X}, \quad \Sigma m\frac{d^2y}{dt^2} = \Sigma m\mathrm{Y}, \quad \Sigma m\frac{d^2z}{dt^2} = \Sigma m\mathrm{Z}.$$

Les actions des corps les uns sur les autres, comprenant les attractions ou répulsions, peuvent être négligées dans la formation de ces équations; car les trois composantes de ces actions sont nulles.

Or, en représentant par x_1, y_1, z_1, les coordonnées du centre de gravité du système, et par M sa masse, on a

$$\mathrm{M}x_1 = \Sigma mx, \quad \mathrm{M}y_1 = \Sigma my, \quad \mathrm{M}z_1 = \Sigma mz;$$

donc

$$M\frac{d^2x_1}{dt^2}=\Sigma m\frac{d^2x}{dt^2},\quad M\frac{d^2y_1}{dt^2}=\Sigma m\frac{d^2y}{dt^2},\quad M\frac{d^2z_1}{dt^2}=\Sigma m\frac{d^2z}{dt^2},$$

et par suite

$$M\frac{d^2x_1}{dt^2}=\Sigma mX,\quad M\frac{d^2y_1}{dt^2}\ \Sigma mY,\quad M\frac{d^2z_1}{dt^2}=\Sigma mZ;$$

le mouvement du centre de gravité du système peut donc s'obtenir indépendamment de celui de ses différentes parties ; leurs actions mutuelles ne modifient en rien ce mouvement, lequel n'est dû qu'aux seules forces accélératrices qui sollicitent chaque corps. C'est en cela que consiste le principe de *la conservation du mouvement du centre de gravité.*

Ce principe a encore lieu, dans le cas où, pendant leurs mouvemens, quelques uns des corps viennent à se choquer; il est aisé de s'assurer que la vitesse du centre de gravité n'en éprouve aucune altération.

Les dernières équations renferment de plus évidemment ce théorème général.

Le mouvement du centre de gravité d'un système libre de corps disposés comme on voudra, est toujours le même que si tous les corps étaient concentrés en ce seul point, et qu'en même tems chacun d'eux fût animé de la même force motrice que dans leur état naturel.

Si l'attraction mutuelle des corps est la seule force accélératrice qui les sollicite, le mouvement du centre de gravité se perpétuera indéfiniment, rectiligne et uniforme.

Conservation des momens de rotation, ou *Principe des Aires.*

Les quantités de mouvement qui doivent se détruire, satisferont également aux équations (2) (page 8), on aura

$$\Sigma m(yd^2z-zd^2y)=\Sigma m(Zy-xY)\,dt^2,$$
$$\Sigma m(zd^2x-xd^2z)=\Sigma m(zX-xZ)\,dt^2,$$
$$\Sigma m(xd^2y-yd^2x)=\Sigma m(xY-yX)\,dt^2;$$

et les seconds membres de ces équations ne contiendront pas les termes auxquels donneraient lieu les forces intérieures, telles que les attractions, qui se détruiraient si le système était réellement de forme invariable; ces forces pourront être considérées comme n'existant pas.

Pour interpréter les premiers membres, on remarque que $\frac{1}{2}(ydz - zdy)$, $\frac{1}{2}(zdx - xdz)$, $\frac{1}{2}(xdy - ydx)$, ont précisément pour différentielles $\frac{1}{2}(yd^2z - zd^2y)$, $\frac{1}{2}(zd^2x - xd^2z)$, $\frac{1}{2}(xd^2y - yd^2x)$; ces dernières quantités sont donc les différentielles des secteurs élémentaires décrits par les projections du corps m sur les plans des y, z, des z, x, des x, y, ou des secteurs décrits par le point m lui-même, dans des plans perpendiculaires aux axes des x, des y et des z.

Or, les seconds membres sont nuls si aucune force accélératrice extérieure n'agit sur le système, ou s'il est sollicité par des forces tendantes au point pris pour origine ; donc on a, dans ces cas, en intégrant par rapport à t,

$$\Sigma m \frac{ydz - zdy}{dt} = C,$$

$$\Sigma m \frac{zdx - xdz}{dt} = B,$$

$$\Sigma m \frac{xdy - ydx}{dt} = A,$$

résultat qui a lieu non-seulement pour un système libre, mais aussi pour un système assujetti à se mouvoir autour de l'origine supposée fixe.

Les équations démontrent le *principe général de la conservation des aires.*

Dans le mouvement d'un système de points matériels liés entre eux d'une manière quelconque, soumis seulement, si le système est libre, à leur attraction mutuelle, ou, si l'origine est un point immuable, à des forces accélératrices constamment dirigées vers ce point ; les sommes des produits des masses par les aires qu'elles décrivent, perpendiculairement aux trois axes des coordonnées, sont proportionnelles au tems employé à les décrire.

Chacune des surfaces élémentaires $\frac{1}{2}(ydz - zdy)$, $\frac{1}{2}(zdx - xdz)$, $\frac{1}{2}(xdy, -ydx)$, exprime le moment de rotation autour de l'un des axes des coordonnées d'une force agissant sur le point m, et voilà pourquoi ce principe porte aussi le nom de *principe de la conservation des momens de rotation.*

(C'eût été ici le lieu d'exposer la théorie des aires et les propriétés du *plan invariable*, si nous avions suivi la liaison rationnelle du sujet; mais les bornes que nous avons dû nous prescrire eussent été de beaucoup dépassées.)

Conservation des forces vives. — En faisant usage du principe des vitesses virtuelles, on arrive à de nouvelles propriétés.

L'équation de ce principe appliquée aux quantités de mouvement (page 14) qui doivent se faire équilibre dans un système quelconque de points m, m', m'', etc., donne

$$\Sigma m\left(\mathrm{X}dt-\frac{d^2x}{dt}\right)\delta x+\Sigma m\left(\mathrm{Y}dt-\frac{d^2y}{dt}\right)\delta y+\Sigma m\left(\mathrm{Z}dt-\frac{d^2z}{dt}\right)\delta z=0:$$

or, nous supposerons ici qu'aucune des *équations de condition* (page 5), ne contient le tems, on pourra alors remplacer dans cette équation les variations δx, δy, δz, etc., par les différentielles relatives à la variable t; en effet, soit

$$f(x, y, z, \text{etc.}) = 0,$$

une de ces équations; si l'on imagine le système infiniment peu déplacé en sorte que x, y, z, etc., deviennent $x+\delta x$, $y+\delta y$, $z+\delta z$, cette équation donnera

$$\frac{df}{dx}\delta x+\frac{df}{dy}\delta y+\frac{df}{dz}\delta z+\text{etc.}=0\,;$$

mais pendant le mouvement effectif du système, l'équation de condition doit avoir toujours lieu, par conséquent

$$\frac{df}{dx}dx+\frac{df}{dy}dy+\frac{df}{dz}dz+\text{etc.}=0,$$

équation à laquelle la précédente s'identifie si $dx=\delta x$, $dy=\delta y$, $dz=\delta z$, etc.

Cette supposition ne serait point permise, dans le cas où l'une quelconque des équations de condition contiendrait la variable t, parce que la différentielle de son premier membre selon la caractéristique d renfermerait celle relative au tems, tandis que la différentielle de ce même membre selon δ devrait être prise en regardant t comme une constante (*), attendu que ce n'est point en

(*) LAPLACE ne remarque point, dans sa démonstration du même principe (*Mécan. céleste*, prem. part., liv. 1), qu'on ne saurait toujours remplacer les vitesses virtuelles par les vitesses effectives.

conséquence d'un changement de t que x, y, z, etc., sont devenues $x+\delta x, y+\delta y, z+\delta z$, etc.; mais seulement en résultat d'un mouvement hypothétiquement communiqué au système, sans altérer les conditions de ses liaisons, en sorte que le tems ayant une valeur actuelle, les variables x, y, z, etc., peuvent être considérées comme ayant les valeurs $x+\delta x, y+\delta y, z+\delta z$, etc.

Posons donc $dx=\delta x$, $dy=\delta y$, $dz=\delta z$, etc., il viendra, en divisant par dt,

$$\Sigma m\left(X-\frac{d^2x}{dt^2}\right)dx+\Sigma m\left(Y-\frac{d^2y}{dt^2}\right)dy+\Sigma m\left(Z-\frac{d^2z}{dt^2}\right)dz=0\,;$$

ce résultat peut être mis sous cette forme :

$$\Sigma m\frac{d^2xdx+d^2ydy+d^2zdz}{dt^2}=\Sigma m\,(Xdx+Ydy+Zdz):$$

supposons que $\Sigma m\,(Xdx+Ydy+Zdz)$ soit la différentielle complète d'une fonction $\varphi(x, y, z, \text{etc.})$ des coordonnées des mobiles, considérées comme des variables indépendantes, soit $\frac{1}{2}C$ une constante arbitraire; intégrons cette équation, nous aurons

$$\Sigma m\frac{dx^2+dy^2+dz^2}{dt^2}=C+2\varphi(x, y, z, \text{etc.}).$$

Cette équation, dont le premier membre est la somme des forces vives de tous les corps, a lieu pour le mouvement de quelque système que ce soit, pourvu que l'hypothèse sur laquelle elle est fondée subsiste.

Ce résultat constitue *le principe général de la conservation des forces vives*; il montre que la force vive du système se retrouve la même à chaque retour des corps à la même position; qu'elle dépend seulement des forces accélératrices qui agissent sur eux et nullement de leur mode de liaison; de telle sorte qu'à chaque instant cette somme est la même que si les corps animés de leurs puissances s'étaient mus librement, chacun suivant la ligne qu'il a décrite.

Lorsqu'aucune force accélératrice ne sollicite le système, la somme des forces vives est constante.

La supposition à laquelle le principe général précédent est subordonné est admissible, si toutes les forces accélératrices sont dirigées vers des centres fixes et sont fonctions des distances de leurs points d'application à ces centres : soit, en effet, F une telle force qui agit sur le corps m; a, b, c, étant les coordonnées de son centre, à une distance f de m, on aura

$$\text{F}\frac{x-a}{f}, \quad \text{F}\frac{y-b}{f}, \quad \text{F}\frac{z-c}{f},$$

pour les composantes de F; en sorte que $\Sigma m\,(\text{X}dx+\text{Y}dy+\text{Z}dz)$, contiendra la somme

$$m\text{F}\frac{(x-a)dx+(y-b)dy+(z-c)dz}{f},$$

qui en vertu de $f^2=(x-a)^2+(y-b)^2+(z-c)^2$ se ramène à

$$m\text{F}df;$$

or, cette expression est une différentielle exacte, car on suppose la force F une fonction de f.

Chaque force accélératrice donnera lieu à une partie semblable, d'où il suit que $\Sigma m(\text{X}dx+\text{Y}dy+\text{Z}dz)$, sera une différentielle exacte d'autant de variables qu'il y aura de ces forces ou de mobiles.

La même formule est encore une différentielle complète relativement aux forces intérieures provenant de l'attraction mutuelle des corps du système, pourvu que ces forces soient proportionnelles aux masses et des fonctions quelconques des distances entre les points sur lesquels elles agissent et ceux où elles tendent : pour le prouver, soit $mm'\text{F}$ l'intensité de la force motrice provenant de l'attraction du corps m sur le corps m', ou réciproquement; F étant fonction de la distance f entre m et m'.

La force accélératrice qui résulte de l'action de m sur m', aura pour composantes,

$$m\text{F}\frac{x'-x}{f}, \quad m\text{F}\frac{y'-y}{f}, \quad m\text{F}\frac{z'-z}{f};$$

celles de l'action de m' sur m, seront

$$m'\text{F}\frac{x-x'}{f}, \quad m'\text{F}\frac{y-y'}{f}, \quad m'\text{F}\frac{z-z'}{f};$$

il y aura donc, dans la formule $\Sigma m\,(\mathrm{X}dx+\mathrm{Y}dy+\mathrm{Z}dz)$, la somme

$$mm'\mathrm{F}\,\frac{(x-x')(dx'-dx)+(y-y')(dy'-dy)+(z-z')(dz'-dz)}{f};$$

et comme

$$f^2=(x-x')^2+(y-y')^2+(z-z')^2,$$

cette somme se réduit à une différentielle exacte

$$-mm'\mathrm{F}df.$$

On peut assimiler l'effet du choc, dans les corps parfaitement élastiques, à celui que produiraient des ressorts contractés entre les mobiles, et dont les forces ne peuvent être que des fonctions des distances entre les points où la contraction s'opère ; le principe des forces vives a donc alors encore lieu, mais en admettant toutefois qu'après la production du phénomène, les corps qui se sont choqués sont rétablis dans l'état où ils étaient auparavant.

Les résistances des milieux, les frottemens sont des forces retardatrices dirigées suivant les tangentes aux trajectoires, et dont les intensités sont fonctions des vitesses ; de telles forces empêchent la conservation des forces vives d'avoir lieu. Soit, par exemple, R une telle force ; tangente en m, à la trajectoire décrite par ce point, et dirigée en sens contraire de son mouvement ; ds désignant l'élément de l'arc parcouru, les composantes de R seront

$$-\mathrm{R}\,\frac{dx}{ds},\qquad -\mathrm{R}\,\frac{dy}{ds},\qquad -\mathrm{R}\,\frac{dz}{ds};$$

et dans la formule $\Sigma m\,(\mathrm{X}dx+\mathrm{Y}dy+\mathrm{Z}dz)$, il y aura la somme

$$-m\mathrm{R}\,\frac{dx+dy+dz}{ds};$$

or, R est fonction de la vitesse ; la formule précédente renfermera la différentielle du tems, et ne pourra donc être la différentielle complète d'une fonction des seules coordonnées des mobiles, regardées comme des variables indépendantes.

Conservation des forces vives, dans les mouvemens relatifs au centre de gravité. — En supposant les forces qui animent les corps, intérieures et fonctions des distances, il est remarquable que le principe de la conservation des forces vives soit encore vrai, lorsque les mouvemens des corps sont rapportés au centre de gravité de leur système. En effet, x_1, y_1, z_1, étant les coordonnées de ce point, si l'on fait

$$x = x_1 + \xi \quad , \quad y = y_1 + \eta \quad , \quad z = z_1 + \zeta,$$
$$\text{etc.,} \qquad \text{etc.,} \qquad \text{etc,;}$$

les coordonnées ξ, η, ζ, etc., auront leur origine au centre de gravité : substituons dans $\Sigma m \frac{dx^2 + dy^2 + dz^2}{dt^2} = 2\int \Sigma m\, (X dx + Y dy + Z dz)$, qui conduit au principe de la conservation des forces vives ; le premier membre se réduira, d'après ces équations connues $\Sigma m \xi = 0$, $\Sigma m \eta = 0$, $\Sigma m \zeta = 0$, à

$$\Sigma m \frac{d\xi^2 + d\eta^2 + d\zeta^2}{dt^2} + \frac{dx_1^2 + dy_1^2 + dz_1^2}{dt^2} M,$$

M étant la somme des masses ; et le second à

$$2\int \Sigma m (X d\xi + Y d\eta + Z d\zeta) + \frac{dx_1^2 + dy_1^2 + dz_1^2}{dt^2} M\,;$$

donc on aura l'équation,

$$\Sigma m \frac{d\xi^2 + d\eta^2 + d\zeta^2}{dt^2} = C + 2\varphi(\xi, \eta, \zeta, \text{etc.});$$

C étant une constante arbitraire, et φ (ξ, η, ζ, etc.), l'intégrale indiquée.

Or, cette dernière équation renferme la conservation des forces vives, relativement au centre de gravité.

Perte des forces vives dues aux changemens brusques. — Les corps durs et les corps imparfaitement élastiques changent en se choquant la force vive du système ; il est un théorème à l'aide duquel la perte de cette quantité qui en résulte peut s'estimer par la somme des masses multipliées par les carrés des vitesses qu'elles ont perdues. Soient, en effet, a, b, c, α, β, γ, les composantes des vitesses du corps m au moment du choc et immédiatement après ; et de même pour les autres corps m', m'', etc. : les quantités de mouvement perdues telles que $m(a - \alpha)$, $m(b - \beta)$, $(c - \gamma)$, devant se faire équilibre, satisferont à l'équation du principe des vitesses virtuelles, de sorte qu'en supposant toujours les différentielles remplacées par les variations, on aura

$$\Sigma m\,(a-\alpha)\,dx + \Sigma m\,(b-\beta)\,dy + \Sigma m\,(c-\gamma)\,dz = 0.$$

Or, les coordonnées x, y, z, etc., se rapportent aux positions des mobiles à l'instant où le choc est consommé, on a donc

$$\alpha = \frac{dx}{dt}, \qquad \beta = \frac{dy}{dt}, \qquad \gamma = \frac{dz}{dt},$$

etc.

par conséquent

$$\Sigma m(a-\alpha)\alpha + \Sigma m\,(b-\beta)\beta + \Sigma m\,(c-\gamma)\gamma = 0\,;$$

mais on a, identiquement,

$$(a-\alpha)^2+(b-\beta)^2+(c-\gamma)^2 = a^2+b^2+c^2+\alpha^2+\beta^2+\gamma^2-2(a\alpha+b\beta+c\gamma)\,;$$

d'où

$$2\Sigma m(a\alpha+b\beta+c\gamma) = \Sigma m(a^2+b^2+c^2)+\Sigma m(\alpha^2+\beta^2+\gamma^2) - \Sigma m\left\{(a-\alpha)^2+(b-\beta)^2+(c-\gamma)^2\right\}\,;$$

l'équation précédente devient donc

$$\Sigma m(a^2+b^2+c^2)-\Sigma m(\alpha^2+\beta^2+\gamma^2)=\Sigma m\left\{(a-\alpha)^2+b-\beta)^2+(c-\gamma)^2\right\}.$$

Ce résultat constitue le théorème que nous voulions démontrer, et auquel on peut donner l'énoncé qui suit :

Dans le mouvement d'un système de corps, la perte de force vive résultant de leur choc, égale la somme des forces vives dues aux vitesses perdues par tous ces corps.

Principe de la moindre action.

Lorsqu'il arrive quelque changement dans la nature, la quantité d'action employée par ce changement est toujours la plus petite qu'il soit possible : l'action étant le produit de la masse du corps multipliée par sa vitesse et par l'espace qu'il parcourt. C'est ainsi que Maupertuis énonce son principe de la moindre quantité d'action. Les géomètres ne le considèrent plus aujourd'hui *comme un des argumens les plus forts que l'univers nous offre pour nous faire connaître la sagesse et la puissance de son auteur* (*). Abandonnant entièrement le point de vue métaphysique sous lequel

(*) OEuvres de MAUPERTUIS, Lyon, M. DCC. LXVIII, tom. 1, Avant-propos,

MAUPERTUIS présentait son principe, ils ont adopté à cet égard les idées si nettes et si précises de LAGRANGE : la généralité et l'étendue qu'il a données à cette propriété du mouvement en ont fait un principe nouveau auquel cet analyste profond a cru devoir conserver, quoique improprement, le nom de *principe de la moindre action*, et qu'il énonce de cette manière :

Dans le mouvement d'un système quelconque de corps animés par des forces mutuelles d'attraction, ou tendantes à des centres fixes, et proportionnelles à des fonctions quelconques des distances, les courbes décrites par les différens corps, et leurs vitesses, sont nécessairement telles, que la somme des produits de chaque masse par l'intégrale de la vitesse multipliée par l'élément de la courbe est un maximum ou un minimum, pourvu que l'on regarde les premiers et les derniers points de chaque courbe comme donnés, en sorte que les variations des coordonnées répondantes à ces points soient nulles (*).

Nommons u la vitesse du corps m, s l'arc parcouru ; la démonstration de ce théorème se réduit à prouver que $\delta\Sigma m\int uds = 0$, entre les limites des intégrales $\int uds$.

Pour y parvenir, différentions l'équation des forces vives, par

p. xxj. — MAUPERTUIS prétend n'avoir point renouvelé l'ancien axiome, *que la nature agit toujours par les voies les plus simples*; et il observe, avec raison, que cet axiome est si vague que personne encore n'a pu dire en quoi il consiste. Cependant on trouve dans le mémoire de l'auteur qui a pour titre, *Accord des différentes lois de la nature qui avaient jusqu'ici paru incompatibles* (lu à l'Académie des sciences de Paris, 1744) : *Tous les phénomènes de la réfraction s'accordent maintenant avec le grand principe* que LA NATURE, DANS LA PRODUCTION DE SES EFFETS, AGIT TOUJOURS PAR LES VOIES LES PLUS SIMPLES.

Les écrits scientifiques de cette époque sont fréquemment mêlés de considérations théologiques étrangères aux sujets. Dans un mémoire présenté à l'Académie de Berlin, en 1746, MAUPERTUIS applique son principe à la recherche des lois du mouvement dans le choc des corps durs et élastiques : c'est une pure question de minimum, et qu'il traite convenablement ; mais, préoccupé d'idées sur les causes finales, il ne manque pas d'annoncer qu'il va tirer les lois du mouvement *des attributs de la suprême intelligence.*

(*) LAGRANGE, *Mécanique analytique*, Paris 1811, tom. I, 2e partie, section III, p. 298.

rapport à δ (page 18), nous aurons

$$\Sigma m u \delta u = \Sigma m \, (X\delta x + Y\delta y + Z\delta z):$$

or, le principe des vitesses virtuelles donne (page 18)

$$\Sigma m \frac{d^2x\delta x + d^2y\delta y + d^2z\delta z}{dt^2} = \Sigma m (X\delta x + Y\delta y + Z\delta z);$$

donc

$$\Sigma m u \delta u = \Sigma m \frac{d^2x\delta x + d^2y\delta y + d^2z\delta z}{dt^2}:$$

on peut remplacer $d^2x\delta x + d^2y\delta y + d^2z\delta z$, par

$$d(dx\delta x + dy\delta y + dz\delta z) - (dxd\delta x + dyd\delta y + dzd\delta z),$$

quantité dont la deuxième partie $= -\frac{1}{2}\delta(dx^2 + dy^2 + dz^2)$ ou $ds\delta ds$; on aura donc

$$\Sigma m u \delta u = \Sigma m \frac{d(dx\delta x + dy\delta y + dz\delta z)}{dt^2} - \Sigma m \frac{ds\delta ds}{dt^2}.$$

Observons maintenant que $\frac{ds}{dt} = u$ et que $\Sigma m ds \delta u + \Sigma m u \delta ds = \Sigma m \delta(u ds)$; l'équation précédente donnera donc

$$\Sigma m \delta(uds) = \Sigma m \frac{(dx\delta x + dy\delta y + dz\delta z)}{dt},$$

et en intégrant

$$\int \Sigma m \delta(uds) = \Sigma \frac{m(dx\delta x + dy\delta y + dz\delta z)}{dt} + C,$$

C étant une constante arbitraire : mais il est visible que

$$\int \Sigma m \delta(uds) = \Sigma \int \delta(uds) = \delta \Sigma m \int uds;$$

donc, en supposant qu'aux points où commencent les intégrales $\int uds$, on ait $\delta x = 0$, $\delta y = 0$, $\delta z = 0$, ou que $C = 0$, on aura

$$\delta \Sigma m \int uds = \Sigma \frac{m(dx\delta x + dy\delta y + dz\delta z)}{dt},$$

équation dont le second membre est nul, si, comme on le suppose, les variations δx, δy, δz, sont aussi nulles aux points où les intégrales $\int uds$ finissent. Le principe est donc démontré.

En remplaçant ds par sa valeur udt, on verra que l'équation de la moindre action

$$\delta \Sigma m \int s u d s = 0,$$

revient à dire que la somme des forces vives de tous les corps, depuis le moment où ils partent jusqu'à celui où ils arrivent, est un maximum ou un minimum. Le résultat de cette substitution est en effet

$$\delta \int dt \, \Sigma m u^2 = 0.$$

S'il n'y a qu'un seul corps dans le système dont la masse est prise pour unité et qui n'est soumis à l'action d'aucune force accélératrice, sa vitesse u sera constante, et l'on aura

$$\delta \int u d s = 0, \quad \delta \int u^2 dt = 0;$$

le mobile suit donc le chemin le plus court (car il est évident qu'il s'agit ici de minimum) pour aller du point de départ au point d'arrivée, et il parcourt sa trajectoire dans un tems plus court que s'il suivait toute autre courbe.

THÈSE
D'ASTRONOMIE.

MATIÈRES

TRAITÉES DANS LA THÈSE D'ASTRONOMIE.

SOLUTION, PAR LES SÉRIES, DU PROBLÈME DE KÉPLER, ET DÉTERMINATION DES COORDONNÉES D'UNE PLANÈTE, EN SUPPOSANT TRÈS-PETITES SON EXCENTRICITÉ ET L'INCLINAISON DE SON ORBITE.

Équations d'où se déduisent la solution du problème de KÉPLER et les déterminations ultérieures, p. 35

Démonstration d'une série fondamentale, 32 34

Solution du problème de KÉPLER, ou Détermination de l'anomalie excentrique au moyen du tems, 34 35

Détermination du rayon vecteur développé, 35 36

Expression de l'anomalie vraie et par suite de l'équation du centre. — Note sur une simplification de calcul. — Note sur un terme fautif qui se trouve dans la *Mécanique céleste*. — Tableau de calcul, 36 41

Détermination du lieu héliocentrique. — Longitude. — Latitude. — Projection du rayon vecteur, 43 45

Détermination des coordonnées géocentriques, 45 46

THÈSE D'ASTRONOMIE.

SOLUTION, PAR LES SÉRIES, DU PROBLÈME DE KÉPLER, ET DÉTERMINATION DES COORDONNÉES D'UNE PLANÈTE, EN SUPPOSANT TRÈS-PETITES SON EXCENTRICITÉ ET L'INCLINAISON DE SON ORBITE (*).

En s'appuyant sur les deux premières lois de KÉPLER, et sur quelques notions élémentaires de géométrie, on démontre très-simplement les trois équations suivantes, qui résultent d'ailleurs de la théorie du mouvement élliptique :

$$\sqrt{\frac{g}{a^3}}(t-c)=\theta-e\sin\theta, \qquad (1)$$

$$r=a(1-e\cos\theta), \qquad (2)$$

$$\operatorname{tang}\tfrac{1}{2}\omega=\sqrt{\frac{1+e}{1-e}}\operatorname{tang}\tfrac{1}{2}\theta; \qquad (3)$$

$\sqrt{\frac{g}{a^3}}(t-c)$ représente l'anomalie moyenne ; g a pour valeur $(M+m)f$; M, m sont les masses du soleil et de la planète attirée ; f est la force motrice qui résulte de l'action attractive d'une masse prise pour unité, sur une masse égale, placée à une distance = un de la première ; t désigne le temps, e l'excentricité de la trajectoire ; c est une constante qui marque l'instant du passage au périhélie ; r et ω sont les coordonnées polaires de la planète ; r a son origine au centre du soleil, et ω, l'anomalie vraie, à l'ap-

(*) Le soleil est considéré comme fixe et le mouvement comme rigoureusement elliptique.

side inférieure ; enfin θ est l'anomalie excentrique : c'est l'angle que forme, avec le grand axe de l'ellipse parcourue, le rayon de cette courbe mené au point où l'ordonnée de la planète rencontre le demi-cercle décrit sur le grand axe de la trajectoire comme diamètre.

La planète est supposée concentrée en son centre de gravité.

Pour une valeur de t, la première équation fera connaître θ, et par suite les deux autres donneront r et ω. La position de la planète, dans son plan, pourra être ainsi à chaque instant assignée. Tout dépend, pour ces déterminations, de la résolution, par rapport à θ de l'équation (1) : or, le problème de Képler consiste précisément à trouver l'anomalie excentrique au moyen du tems. C'est par le secours des séries qu'on en obtient la solution. Pour y parvenir, nous établirons d'abord une formule générale qui servira de base à nos calculs, et que nous emploierons pour exprimer également en séries les deux coordonnées r et ω, en supposant désormais la quantité e très-petite.

Développement d'une fonction quelconque de z, *suivant les puissances de* y, *lorsque* $z = x + yfz$; fz *représentant une fonction quelconque de* z.

Soit $u = Fz$ la fonction quelconque de z qu'il s'agit de développer.

Il faut obtenir les coefficiens différentiels des différens ordres de u relatifs à y, pour supposer $y = 0$ dans leurs expressions.

Or, $F'z$ désignant la dérivée de Fz, on aura

$$\frac{du}{dx} = \frac{dz}{dx} F'z, \qquad \frac{du}{dy} = \frac{dz}{dy} F'z ;$$

d'où, éliminant $F'z$

$$\frac{du}{dy} = \frac{\frac{dz}{dy}}{\frac{dz}{dx}} \frac{du}{dx} ;$$

mais $z = x + y + fz$, étant successivement différentiée par rapport à x et à y, donne deux équations, desquelles on déduit

$$\frac{\frac{dz}{dy}}{\frac{dz}{dx}}=fz\,;$$

par conséquent

$$\frac{du}{dy}=\frac{du}{dx}fz.$$

Cherchons actuellement les autres coefficiens différentiels, et essayons de les exprimer par des coefficiens différentiels relatifs à x.

La dernière équation donne

$$\frac{d^2u}{dy^2}=\frac{d^2u}{dxdy}fz+\frac{du}{dx}\frac{dz}{dy}f'z\,,$$

$f'z$ étant la dérivée de fz ; et comme la même équation donne aussi

$$\frac{d^2u}{dydx}=\frac{d^2u}{dxdy}=\frac{d^2u}{dx^2}fz+\frac{du}{dx}\frac{dz}{dx}f'z\,,$$

on aura

$$\frac{d^2u}{dy^2}=\frac{d.\frac{du}{dx}(fz)^2}{dx}\,.$$

Ainsi, en multipliant par fz le coefficient différentiel $\frac{du}{dx}fz$, et prenant le coefficient différentiel relatif à x du produit, on passe au coefficient différentiel suivant.

Soit pour un instant, $u'=\frac{du}{dx}(fz)^2$, en sorte que $\frac{d^2u}{dy^2}=\frac{du'}{dx}$; on aura, d'après l'observation précédente,

$$\frac{du'}{dy}=\frac{d.\frac{du}{dx}(fz)^3}{dx}\,:$$

Or,
$$\frac{d^3u}{dy^3}=\frac{d^2u'}{dxdy}=\frac{d^2u'}{dydx}\,,\qquad\text{donc}$$

$$\frac{d^3u}{dy^3}=\frac{d^3.\frac{du}{dx}(fz)^3}{dx^2}\,.$$

On trouvera semblablement

$$\frac{d^4u}{dy^4}=\frac{d^3.\frac{du}{dx}(fz)^4}{dx^3};$$

et ainsi de suite, la loi étant manifeste.

Supposons actuellement $y=o$, dans la fonction qu'il faut développer et ses coefficiens différentiels successifs, et formons la série cherchée

$$Fz=Fx+yF'xfx+\frac{y^2}{2}\frac{d.F'x(fx)^2}{dx}+\frac{y^3}{2.3}\frac{d^2.F'x(fx)^3}{dx^2}+\text{etc. (*)}.$$

Si Fz égale simplement z, on a $F'z=1$ et

$$z=x+yfx+\frac{y^2}{2}\frac{d.(fx)^2}{dx}+\frac{y^3}{2.3}\frac{d^2.(fx)^3}{dx^2}+\text{etc.}$$

Solution du problème de Képler. Si dans l'équation (1) on remplace, pour plus de simplicité, l'anomalie moyenne par u, on en tirera

$$\theta=u+e\sin\theta;$$

équation qu'on identifie à $z=x+yfz$, en posant

$$z=\theta,\quad x=u,\quad y=e,\quad fz=\sin\theta:$$

on aura donc, par la seconde formule générale précédente,

$$\theta=u+e\sin u+\frac{e^2}{2}\frac{d.\sin^2u}{du}+\frac{e^3}{2.3}\frac{d^2.\sin^3u}{du^2}+\frac{e^4}{2.3.4}\frac{d^3.\sin^4u}{du^3}+\text{etc.}:$$

avant d'effectuer les différentiations indiquées, prenons les valeurs des puissances de $\sin u$ en fonction des sinus et cosinus des multiples de u, on les tire des équations connues

$$\begin{aligned}
2\ \sin^2u &= -\cos 2u+1,\\
2^2\sin^3u &= -\sin 3u+3\sin u,\\
2^3\sin^4u &= \cos 4u-4\cos 2u+3,\\
2^4\sin^5u &= \sin 5u-5\sin 3u+10\sin u,\\
2^5\sin^6u &= -\cos 6u+6\cos 4u-15\cos 2u+10;
\end{aligned}$$

(*) Lagrange, je crois, a donné le premier cette formule. La démonstration précédente est celle de Laplace, mais avec des développemens qui rendent plus évidente la loi des termes.

(nous bornerons l'approximation à la sixième puissance de e) on déduit de là,

$$\frac{d.\sin^2 u}{du} = \sin 2u\,,$$

$$\frac{d^2.\sin^3 u}{du^2} = \frac{3^2\sin 3u - 3\sin u}{2^2}\,,$$

$$\frac{d^3.\sin^4 u}{du^3} = 2^3\sin 4u - 4\sin 2u\,,$$

$$\frac{d^4.\sin^5 u}{du^4} = \frac{5^4\sin 5u - 5.3^4\sin 3u + 10\sin u}{2^5}\,,$$

$$\frac{d^5.\sin^6 u}{du^5} = 3^5\sin 6u - 6.2^5\sin 4u + 15\sin 2u\,:$$

la substitution donne la valeur cherchée

$$\theta = u + e\sin u + e^2\frac{\sin^2 u}{2} + e^3\frac{3\sin 3u - \sin u}{2^3} + e^4\frac{2\sin 4u - \sin 2u}{2.3}$$
$$+ e^5\frac{5^3\sin 5u - 3^4\sin 3u + 2\sin u}{2^7.3} + e^6\frac{3^4\sin 6u - 2^6\sin 4u + 5\sin 2u}{2^4.3.5}\,.$$

Détermination du rayon vecteur par le tems. L'équation (2) étant écrite ainsi $\frac{r}{a} = 1 - e\cos\theta$, conduit à supposer

$$Fz = 1 - e\cos\theta\,,$$

d'où

$$F'z = e\sin\theta\,,\quad F'x = e\sin u.$$

La première formule générale précédemment démontrée donnera

$$\frac{r}{d} = 1 - e\cos u + e^2\sin^2 u + \frac{e^3}{2}\frac{d.\sin^3 u}{du} + \frac{e^4}{2.3}\frac{d^2.\sin^4 u}{du^2}$$
$$+ \frac{e^5}{2.3.4}\frac{d^3.\sin^5 u}{du^3} + \frac{e^6}{2.3.4.5}\frac{d^4\sin^6 u}{du^4} + \text{etc.};$$

mais on trouve, par les formules ci-dessus,

$$\sin^2 u = \frac{-\cos 2u + 1}{2},$$

$$\frac{d.\sin^3 u}{du} = \frac{-3\cos 3u + 3\cos u}{2^2},$$

$$\frac{d^2.\sin^4 u}{du^2} = -2\cos 4u + 2\cos 2u,$$

$$\frac{d^3.\sin^5 u}{du^3} = \frac{-5^3\cos 5u + 5.3^3\cos 3u - 10\cos u}{2^4},$$

$$\frac{d^4.\sin^6 u}{du^4} = \frac{-3^4\cos 6u + 6.2^4\cos 4u - 15\cos 2u}{2}:$$

par conséquent enfin

$$r = a\left(1 - \cos u - e\,\frac{\cos 2u - 1}{2} - e^3\,\frac{3\cos 3u - 3\cos u}{2^3} - e^4\,\frac{\cos 4u - \cos 2u}{3}\right.$$
$$\left. - e^5\,\frac{5^3\cos 5u - 5.3^3\cos 3u + 10\cos u}{2^7.3} - e^6\,\frac{3^3\cos 6u - 2^5\cos 4u + 5\cos 2u}{2^4.5}\right).$$

Développement de l'anomalie vraie par le tems, et par suite, de l'équation du centre. Prenons actuellement l'équation (3), et cherchons d'abord l'expression développée de ω par θ. En remplaçant tang$\frac{1}{2}\omega$, tang$\frac{1}{2}\theta$, par leurs valeurs en sinus et cosinus, puis ces dernières lignes par les exponentielles imaginaires correspondantes, cette équation donne, l étant la base du système de logarithmes dans lequel le module est l'unité,

$$\frac{l^{\frac{1}{2}\omega\sqrt{-1}} - l^{-\frac{1}{2}\omega\sqrt{-1}}}{l^{\frac{1}{2}\omega\sqrt{-1}} + l^{-\frac{1}{2}\omega\sqrt{-1}}} = \sqrt{\frac{1+e}{1-e}}\,\frac{l^{\frac{1}{2}\theta\sqrt{-1}} - l^{\frac{1}{2}\theta\sqrt{-1}}}{l^{\frac{1}{2}\theta\sqrt{-1}} + l^{\frac{1}{2}\theta\sqrt{-1}}},$$

ou

$$\frac{l^{\omega\sqrt{-1}} - 1}{l^{\omega\sqrt{-1}} + 1} = \sqrt{\frac{1+e}{1-e}}\,\frac{l^{\theta\sqrt{-1}} - 1}{l^{\theta\sqrt{-1}} + 1}.$$

Dégageons de là $l^{\omega\sqrt{-1}}$, nous aurons

$$l^{\omega\sqrt{-1}} = \frac{l^{\theta\sqrt{-1}}\left[\sqrt{1-e}+\sqrt{1+e}\right]+\sqrt{1-e}-\sqrt{1+e}}{l^{\theta\sqrt{-1}}\left[\sqrt{1-e}-\sqrt{1+e}\right]+\sqrt{1-e}+\sqrt{1+e}}$$

$$= \frac{l^{\theta\sqrt{-1}} - \dfrac{e}{1+\sqrt{1-e^2}}}{l^{\theta\sqrt{-1}} \times \dfrac{-e}{1+\sqrt{1-e^2}} + 1} :$$

en posant pour simplifier $E = \frac{e}{1+\sqrt{1-e^2}}$, il vient

$$l^{\omega\sqrt{-1}} = \frac{1-El^{-\theta\sqrt{-1}}}{1-El^{\theta\sqrt{-1}}} \times l^{\theta\sqrt{-1}} :$$

prenons les logarithmes de part et d'autre, et remplaçons le logarithme de $\frac{1-El^{-\theta\sqrt{-1}}}{1-El^{\theta\sqrt{-1}}}$ par sa valeur en série, on trouve, après avoir supprimé le facteur commun $\sqrt{-1}$, et rassemblé les termes qui contiennent la même puissance de E,

$$\omega = \theta + 2\left(E\sin\theta + E^2\frac{\sin 2\theta}{2} + E^3\frac{\sin 3\theta}{3} + E^4\frac{\sin 4\theta}{4} + E^5\frac{\sin 5\theta}{5} + E^6\frac{\sin 6\theta}{6} + \text{etc.}\right).$$

Il s'agit actuellement d'obtenir les valeurs en fonction de t, de chacun des termes du second membre, en ne conservant que les quantités qui ne contiennent pas de puissances de e supérieures à la sixième.

On a déjà θ, et puisque $\theta = u + e\sin\theta$, on connaît ainsi $\sin\theta = \frac{\theta - u}{e}$ (*), il vient en effet

(*) Il n'est point observé, dans la *Mécanique céleste*, d'où la méthode

$$\sin\theta = \sin u + e\,\frac{\sin 2u}{2} + e^2\,\frac{3\sin 3u - \sin u}{2^3} + e^3\,\frac{2\sin 4u - \sin 2u}{2.3}$$

$$+ e^4\,\frac{5^3\sin 5u - 3^4\sin 3u + 2\sin u}{2^7.3} + e^5\,\frac{3^4\sin 6u = 2^6\sin 4u + 5\sin 2u}{2^4.3.5}.$$

Pour avoir sin 2θ, soit dans la formule générale

$$Fz = \sin 2\theta,$$

$F'z$ sera égal à $2\cos 2\theta$, et l'on aura, par cette formule,

$$\sin 2\theta = \sin 2u + e \times 2\cos 2u \sin u + e^2\,\frac{d.\,2\cos 2u \sin u}{2}$$

$$+ e^3\,\frac{d^2.\,2\cos 2u \sin^2 u}{2.3} + e^4\,\frac{d^3.\,2\cos 2u \sin^3 u}{2.3.4}.$$

Remplaçant les puissances du sinus, en sinus et cosinus d'arcs multiples, puis les quantités de la forme $\sin m \cos m'$, $\sin m \sin m'$, $\cos m \cos m'$, respectivement par $\frac{\sin(m+m') + \sin(m-m')}{2}$, $\frac{\cos(m-m') - \cos(m+m')}{2}$, $\frac{\cos(m+m') + \cos(m'-m')}{2}$, et effectuant enfin les différentiations indiquées, on trouve

$$\sin 2\theta = \sin 2u + e(\sin 3u - \sin u) + e^2(\sin 4u - \sin 2u)$$

$$+ e^3\,\frac{2^2\sin u - 3^3\sin 3u + 5^2\sin 5u}{2^3.3} + e^4\,\frac{3^3\sin 6u - 2^5\sin 4u + 7\sin 2u}{2^3.3} + \text{etc.}$$

En posant successivement $Fz = \sin 3\theta$, $Fz = \sin 4\theta$, $Fz = \sin 5\theta$, $Fz = \sin 6\theta$, on trouvera, par le même moyen,

$$\sin 3\theta = \sin 3u + e\,\frac{3\sin 4u - 3\sin 2u}{2}$$

$$+ e^2\,\frac{3.5\sin 5u - 2.3^2\sin 3u + 3\sin u}{2^3}$$

$$+ e^3\,\frac{3^2\sin 6u - 2^2.\sin 4u + 3\sin 2u}{2^2} + \text{etc.}$$

suivie ici a été puisée, qu'il est superflu de calculer directement sin θ : on y indique le procédé général pour obtenir sin θ, sin 2θ, etc.; mais la première de ces déterminations étant la plus laborieuse, il était essentiel de remarquer qu'un calcul précédent dispensait, pour ce cas, d'employer ce procédé.

$$\sin 4\theta = \sin 4u + e\,(2\sin su - 2\sin 3u)$$
$$+ e^2(3\sin 6u - 2^2\sin 4u + \sin 2u)\,,$$
$$\sin 5\theta = \sin 5u + e\,\frac{5\sin 6u - 5\sin 4u}{2} + \text{etc.},$$
$$\sin 6\theta = \sin 6u + \text{etc.}$$

Il reste à calculer le développement d'une puissance quelconque de la fonction $E = \dfrac{e}{1+\sqrt{1-e^2}}$.

Soit $E' = 1 + \sqrt{1-e^2}$, d'où $E' = 2 - \dfrac{e^2}{E'}$: cette dernière équation étant identifiée avec $z = x + yfz$, on aura

$$z = E',\quad x = 2,\quad y = e^2,\quad f(z) = -\frac{1}{E'}\,;$$

et si l'on pose $Fz = E'^{-p}$, p étant un nombre quelconque, on obtiendra

$$E'^{-p} = \frac{1}{2^p} + e^2\frac{p}{2^{p+2}} + e^4\frac{p(p+3)}{2.2^{p+4}} + e^6\frac{p(p+4)(p+5)}{2.3.2^{p+6}} + \text{etc.}:$$

donc

$$E^p = e^p.E'^{-p} = e^p\frac{1}{2^p} + e^{2+p}\frac{p}{2^{p+2}} + e^{4+p}\frac{p(p+3)}{2.2^{p+4}}$$
$$+ e^{6+p}\frac{p(p+4)(p+5)}{2.3.2^{p+6}} + \text{etc.}\ (*)$$

Cette équation donne en posant p égal successivement 1, 2, 3, 4, 5, 6,

(*) Dans la *Mécanique céleste* le quatrième terme de ce deuxième membre est $e^{6+p}\dfrac{p(p+3)(p+5)}{2.3.2^{p+6}}$ (prem. part., liv. II, p. 180, prem. édit.), le facteur $p+3$ est fautif et doit être changé en $p+4$. La même erreur subsiste dans la nouvelle édition (2e) de cet ouvrage, *conforme à la première*. (Paris, 1829).

$$E = \frac{e}{2} + \frac{e^3}{2^3} + \frac{e^5}{2^4} + \text{etc.}, \quad E^2 = \frac{e^2}{2^2} + \frac{e^4}{2^3} + \frac{5e^6}{2^6} + \text{etc.},$$

$$E^3 = \frac{e^3}{2^3} + \frac{3e^5}{2^5} + \text{etc.}, \quad E^4 = \frac{e^4}{2^4} + \frac{e^6}{2^4} + \text{etc.},$$

$$E^5 = \frac{e^5}{2^5} + \text{etc.}, \quad E^6 = \frac{e^6}{2^6} + \text{etc.}$$

Substituant les valeurs calculées dans celle de ω, on trouve

$$\omega = u + \left(2e - \frac{e^3}{4} + \frac{5}{96}e^5\right)\sin u + \left(\frac{5}{4}e^2 - \frac{11}{24}e^4 + \frac{17}{192}e^6\right)\sin 2u$$
$$+ \left(\frac{13}{12}e^3 - \frac{43}{64}e^5\right)\sin 3u + \frac{1097}{960}e^5 \sin 5u + \frac{1223}{960}e^6 \sin 6u.$$

La page suivante renferme du reste le tableau du calcul plus détaillé.

$$\omega = \theta + 2\mathrm{E}\sin\theta + \mathrm{E}^2 \sin 2\theta + 2\mathrm{E}^3 \frac{\sin 3\theta}{3} + \mathrm{E}^4 \frac{\sin 4\theta}{2} + 2\mathrm{E}^5 \frac{\sin 5\theta}{} + \mathrm{E}^6 \frac{\sin 6\theta}{3}.$$

$$\theta = u + e\sin u + e^2 \frac{\sin 2u}{2} + e^3 \frac{3\sin 3u - \sin u}{2^3} + e^4 \frac{2\sin 4u - \sin 2u}{2.3} + e^5 \frac{5^3\sin 5u - 3^4\sin 3u + 2\sin u}{2^7.3} + e^6 \frac{3^4\sin 6u - 2^6\sin 4u + 5\sin 2u}{2^4.3.5};$$

$$2\mathrm{E}\sin\theta = \left\{\begin{array}{llll} + e\sin u + e^2 \frac{\sin 2u}{2} + e^3 \frac{3\sin 3u - \sin u}{2^3} & + e^4 \frac{3\sin 4u - \sin 2u}{2.3} & + e^5 \frac{5^3\sin 5u - 3^4\sin 3u + 2\sin u}{2^7.3} & + e^6 \frac{3^4\sin 6u - 2^6\sin 4u + 5\sin 2u}{2^4.3.5} \\ \quad + e^3 \frac{\sin u}{2^2} & + e^4 \frac{\sin 2u}{2^3} & + e^5 \frac{3\sin 3u - \sin u}{2^5} & + e^6 \frac{2\sin 4u - \sin 2u}{2^7.3} \\ & & + e^5 \frac{\sin u}{2^3} & + e^6 \frac{\sin 2u}{2^4}; \end{array}\right.$$

$$\mathrm{E}^2\sin 2\theta = \left\{\begin{array}{llll} e^2 \frac{\sin 2u}{2^2} + e^3 \frac{\sin 3u - \sin u}{2^2} & + e^4 \frac{\sin 5u - \sin 2u}{2^2} & + e^5 \frac{2^2\sin u - 3^3\sin 3u + 5^2\sin 5u}{2^5.3} & + e^6 \frac{7\sin 2u - 2^5\sin 4u + 3^3\sin 6u}{2^5.3} \\ & + e^4 \frac{\sin 2u}{2^3} & + e^5 \frac{\sin 3u - \sin u}{2^3} & + e^6 \frac{\sin 4u - \sin 2u}{2^3} \\ & & & + e^6 \frac{5\sin 2u}{2^6}; \end{array}\right.$$

$$2\mathrm{E}^3 \frac{\sin 3\theta}{3} = \left\{\begin{array}{llll} + e^3 \frac{\sin 3u}{2^2.3} & + e^4 \frac{3\sin 4u - 3\sin 2u}{2^3.3} & + e^5 \frac{3.5\sin 5u - 2.3^2\sin 3u + 3\sin u}{2^5.3} & + e^6 \frac{\sin 2u - 2^2\sin 4u + 3\sin 6u}{2^4} \\ & & + e^5 \frac{\sin 3u}{2^4} & + e^6 \frac{3\sin 4u - 3\sin 2u}{2^5}; \end{array}\right.$$

$$\mathrm{E}^4 \frac{\sin 4\theta}{2} = \left\{\begin{array}{lll} + e^4 \frac{\sin 4u}{2^5} & + e^5 \frac{2\sin 5u - 2\sin 3u}{2^5} & + e^6 \frac{3\sin 6u - 2^2\sin 4u + \sin 2u}{2^5} \\ & & + e^6 \frac{\sin 4u}{2^5}; \end{array}\right.$$

$$2\mathrm{E}^5 \frac{\sin 5\theta}{5} = + e^5 \frac{\sin 5u}{2^4.5} \qquad + e^6 \frac{5\sin 6u - 5\sin 4u}{2^5.5};$$

$$\mathrm{E}^6 \frac{\sin 6\theta}{3} = + e^6 \frac{\sin 6u}{2^6.5};$$

$$\omega = u + \left(2e - \frac{e^3}{4} + \tfrac{5}{96}e^5\right)\sin u + \left(\tfrac{5}{4}e^2 - \tfrac{11}{24}e^4 + \tfrac{17}{192}e^6\right)\sin 2u + \left(\tfrac{13}{12}e^3 - \tfrac{43}{64}e^5\right)\sin 3u + \left(\tfrac{103}{96}e^4 - \tfrac{451}{480}e^6\right)\sin 4u + \tfrac{1097}{960}e^5\sin 5u + \tfrac{1223}{960}e^6\sin 6u.$$

L'équation du centre $\omega - u$ se déduira de la série précédente.

L'anomalie vraie et l'anomalie excentrique sont ici comptées de l'apside inférieure; on les comptera de l'aphélie en changeant dans les formules ω et θ en $\omega + 200^\circ$, $\theta + 200^\circ$, ou encore en écrivant $-e$ à la place de e.

Il s'agit actuellement de rapporter la position de la planète à l'écliptique, ou de déterminer sa longitude, sa latitude et la projection de son rayon vecteur sur ce plan; ces trois coordonnées fixent le lieu héliocentrique de l'astre.

Soient ψ, φ ces derniers angles; i, l'inclinaison très-petite de l'orbite; h la longitude du nœud, comptée, comme φ, depuis la droite menée du centre du soleil vers le premier point d'*Aries*; soit enfin k la longitude du périhélie, comptée depuis la ligne des nœuds, en sorte que $\omega + k$ soit l'*argument de la latitude*.

Détermination de la longitude. L'angle $\omega + k$ a pour projection $\varphi - h$, et l'on peut imaginer un triangle sphérique rectangle ayant pour hypothénuse l'arc $\omega + k$, et pour côtés de l'angle droit $\varphi - h$ et ψ; l'angle opposé à la latitude ψ sera l'inclinaison i; on aura donc

$$\operatorname{tang}(\varphi - h) = \cos i \operatorname{tang}(\omega + k).$$

En comparant cette équation à celle-ci $\operatorname{tang}\frac{1}{2}\omega = \sqrt{\frac{1+e}{1-e}} \operatorname{tang}\frac{1}{2}\theta$, on pourra développer φ par i et ω : il suffit en effet de prendre la série déjà trouvée

$$\omega = \theta + 2\left(\mathrm{E}\sin\theta + \mathrm{E}^2 \frac{\sin 2\theta}{2} + \mathrm{E}^3 \frac{\sin 3\theta}{3} + \text{etc.}\right),$$

et d'y remplacer φ par $2(\varphi - h)$; θ par $2(\omega - k)$; $\sqrt{\frac{1+e}{1-e}}$ par $\cos i$, ou, ce qui revient au même, $\mathrm{E} = \frac{\sqrt{\frac{1+e}{1-e}} - 1}{\sqrt{\frac{1+e}{1-e}} + 1}$ par $\frac{\cos i - 1}{\cos i + 1}$ ou $\operatorname{tang}^2 \frac{i}{2}$.

On trouve ainsi,

$$\varphi - h = \omega + k - \operatorname{tang}^2\frac{i}{2}\sin 2(\omega + k) + \operatorname{tang}^4\frac{i}{2}\frac{\sin 4(\omega + k)}{2}$$
$$- \operatorname{tang}^6\frac{i}{2}\frac{\sin 6(\omega + k)}{3} + \text{etc.}$$

Détermination de la latitude. Le triangle sphérique rectangle considéré, donne

$$\operatorname{tang}\psi = \operatorname{tang} i \sin(\varphi - h):$$

remplaçant $\operatorname{tang}\psi$, $\sin(\varphi - h)$, par leurs valeurs en exponentielles imaginaires, il vient

$$\frac{l^{\psi\sqrt{-1}} - l^{-\psi\sqrt{-1}}}{l^{\psi\sqrt{-1}} + l^{-\psi\sqrt{-1}}} = \frac{l^{(\varphi-h)\sqrt{-1}} - l^{-(\varphi-h)\sqrt{-1}}}{2}\operatorname{tang} i,$$

ou

$$\frac{l^{2\psi\sqrt{-1}} - 1}{l^{2\psi\sqrt{-1}} + 1} = \frac{l^{(\varphi-h)\sqrt{-1}} - l^{-(\varphi-h)\sqrt{-1}}}{2}\operatorname{tang} i;$$

d'où

$$l^{2\psi\sqrt{-1}} = \frac{1 + \frac{1}{2}\left[l^{(\varphi-h)\sqrt{-1}} - l^{-(\varphi-h)\sqrt{-1}}\right]\operatorname{tang} i}{1 - \frac{1}{2}\left[l^{(\varphi-h)\sqrt{-1}} - l^{-(\varphi-h)\sqrt{-1}}\right]\operatorname{tang} i}.$$

En prenant les logarithmes de part et d'autre, divisant par $2\sqrt{-1}$, on déduira de là

$$\psi = \left(l^{(\varphi-h)\sqrt{-1}} - l^{-(\varphi-h)\sqrt{-1}}\right)\frac{\operatorname{tang} i}{2\sqrt{-1}}$$
$$+ \left(l^{(\varphi-h)\sqrt{-1}} - l^{-(\varphi-h)\sqrt{-1}}\right)^3\frac{\operatorname{tang}^3 i}{3.8\sqrt{-1}}$$
$$+ \left(l^{(\varphi-h)\sqrt{-1}} - l^{-(\varphi-h)\sqrt{-1}}\right)^5\frac{\operatorname{tang}^5 i}{5.32\sqrt{-1}} + \text{etc.},$$

ou, en développant,

$$\psi=\left(l^{(\varphi-h)\sqrt{-1}}-l^{-(\varphi-h)\sqrt{-1}}\right)\frac{\tang i}{2\sqrt{-1}}+\left(l^{3(\varphi-h)\sqrt{-1}}\right.$$

$$\left.-3l^{(\varphi-h)\sqrt{-1}}+3l^{-(\varphi-h)\sqrt{-1}}-l^{-3(\varphi-h)\sqrt{-1}}\right)\frac{\tang^3 i}{3.8\sqrt{-1}}$$

$$+\left(l^{5(\varphi-h)\sqrt{-1}}-5l^{3(\varphi-h)\sqrt{-1}}+10l^{(\varphi-h)\sqrt{-1}}\right.$$

$$\left.-10l^{-(\varphi-h)\sqrt{-1}}+5l^{-3(\varphi-h)\sqrt{-1}}-l^{-5(\varphi-h)\sqrt{-1}}\right)\frac{\tang^5 i}{5.32\sqrt{-1}}+\text{etc.}:$$

remettant maintenant pour les exponentielles imaginaires leurs valeurs en sinus, il vient enfin

$$\psi=\sin(\varphi-h)\tang i+\left(\sin 3(\varphi-h)-3\sin(\varphi-h)\right)\frac{\tang^3 i}{3.4}$$

$$+\left(\sin 5(\varphi-h)-5\sin 3(z-h)+10\sin(\varphi-h)\right)\frac{\tang^5 i}{5.16}+\text{etc.}$$

Détermination de la projection du rayon vecteur. La projection r' du rayon vecteur r a pour valeur $r\cos\psi$; et comme $\cos\psi=(1+\tang^2\psi)^{-\frac{1}{2}}$, on aura

$$r'=r\left[1-\tfrac{1}{2}\tang^2\psi+\tfrac{3}{8}\tang^4\psi-\tfrac{5}{16}\tang^6\psi+\tfrac{5.7}{64}\tang^8\psi-\text{etc.}\right]$$

Les trois séries précédentes détermineront, à chaque instant, la position de la planète.

Détermination des trois coordonnées géocentriques. Connaissant la projection r' du rayon vecteur ainsi que φ et ψ, la longitude et la latitude héliocentriques, il s'agit maintenant de trouver les trois coordonnées r_1, φ' et ψ'; c'est-à-dire la projection du rayon vecteur de la planète, ligne ayant son origine au centre de la terre, la longitude et la latitude géocentriques.

Or, si l'on a recours à une figure, on trouvera aisément les formules suivantes :

$$r_1=\frac{\sin\gamma}{\sin\eta}r',\quad \varphi'=\odot-\eta,\quad \tang\psi'=\tang\psi\frac{\sin\eta}{\sin\gamma};$$

γ est la *commutation*, ou l'angle formé par la droite qui unit le centre de la terre et du soleil avec la projection r'; η est l'*élon-*

gation, ou l'angle que la projection r_1 forme avec cette même droite unissant le soleil et la terre ; on désigne ici par $\odot$ la longitude du soleil vue de la terre.

Les angles γ, η qui entrent dans ces valeurs sont déterminés par ces équations

$$\gamma = \varphi - 180^\circ - \odot, \qquad \operatorname{tang}\eta = \frac{r' \sin\gamma}{\delta - r'\cos\gamma};$$

δ représentant la distance du soleil à la terre.

La deuxième formule est rendue propre au calcul logarithmique, si l'on pose $\frac{r' \sin\gamma}{\delta} = \operatorname{tang}\varepsilon$; car elle devient

$$\operatorname{tang}\eta = \frac{\sin\varepsilon \sin\gamma}{\sin(\gamma - \varepsilon)}.$$

Vu et approuvé par le Doyen de la Faculté des Sciences,

Bon THÉNARD.

Permis d'imprimer :

L'Inspecteur général des études, chargé de l'administration de l'Académie de Paris,

ROUSSELLE.

www.ingramcontent.com/pod-product-compliance
Ingram Content Group UK Ltd.
Pitfield, Milton Keynes, MK11 3LW, UK
UKHW021945260726
13994UKWH00004B/1550

9 782329 355009